UTILISATION
DE LA
CHUTE D'EAU DANS LE RHONE

Près de la Perte du Rhône

RÉALISANT

10,000 FORCES DE CHEVAUX

A BELLEGARDE (AIN)

Station douanière française entre Lyon et Genève, réseau du chemin de fer Paris-Lyon-Méditerranée.

ENTREPRISE FONDÉE PAR

MM. G. LOMER ET FRANCIS ELLERSHAUSEN

à **BELLEGARDE** (Ain).

AGENCE GÉNÉRALE

CHEZ MM. HAVEMANN ET POLEMANN

50, rue Paradis-Poissonnière, à PARIS.

PARIS

IMPRIMERIE CENTRALE DES CHEMINS DE FER

A. CHAIX ET Cie

RUE BERGÈRE, 20, PRÈS DU BOULEVARD MONTMARTRE.

1871

COMPAGNIE HYDRAULIQUE

DE

LA PERTE DU RHONE

Concession du Gouvernement français.
en vertu d'un décret daté de Versailles, le 31 mai 1871,

D'UNE

PRISE D'EAU DANS LE RHONE

A BELLEGARDE

Par moyen d'un tunnel utilisant une chute de 13 $^1/_2$ m., réalisant une force effective de

DIX MILLE CHEVAUX

ACQUISITION

DE

VASTES TERRAINS AUTOUR DE CETTE FORCE

SITUÉS SUR LES PLATEAUX

DE BELLEGARDE, DU PAYS FRANC DE GEX, D'ARLOD
ET A LA GARENNE

Offrant emplacements pour

MANUFACTURES, USINES, MOULINS, ETC.

N.-B. — *Voir, plan du Tableau II, à la fin du volume.*

1871

La Compagnie offre au Public industriel, par cession ou location :

La **force** disponible en toute division, soit en eau, soit livrée sur turbines ou roues hydrauliques, soit transmise dans les usines ;

Des **emplacements** de terrains à bâtir, à des conditions très-faciles.

De grands avantages seront accordés aux premiers contractants.

S'adresser, pour tous renseignements:

A MM. G. LOMER et Francis ELLERSHAUSEN
à Bellegarde (Ain),

et à l'Agence générale, chez

MM. HAVEMANN et POLEMANN,
50, rue de Paradis-Poissonnière, à Paris.

INTRODUCTION.

Avant d'entrer dans les détails de cette grande entreprise, faisons connaître les vues qui ont guidé les fondateurs et le but qu'ils se sont proposé.

C'est dès le commencement de l'année dernière qu'ils se sont occupés de la question importante de faire valoir les grandes forces dont la France dispose en ses grands cours d'eau qui la traversent de toutes parts et qui, mis en état d'utilité, rendraient des services considérables à l'industrie.

Car c'est sur le parcours des grands fleuves que se forment les foyers du grand mouvement d'affaires du commerce et de l'industrie, et où les Chemins de fer s'acheminent; c'est donc là que les grandes forces seront des plus utiles.

Or, les fondateurs, en se mettant à étudier cette grande question et suivant le parcours du Rhône, ont été frappés de trouver à Bellegarde une force motrice énorme sans emploi, en face de la cherté toujours croissante des houilles en France, dont l'industrie a pourtant la tâche souvent difficile à remplir de concourir avantageusement avec l'étranger.

Ils l'ont trouvée entre les deux grandes villes Lyon et Genève, à un point central du chemin de fer Paris-Lyon-Méditerranée, portant la communication dans toutes les directions, au milieu d'un cercle d'une population éminemment ouvrière, pour laquelle l'accroissement de l'industrie dans ces contrées serait un grand bienfait.

C'est à juste titre qu'ils se sont étonnés qu'on ait laissé jusqu'ici dormir cette force, unique en France par sa puissance, sa situation et ses conditions exceptionnellement favorables.

Cette impression s'était accrue par le résultat des études qui constataient que l'établissement de la force offrait la plus grande facilité par le moyen d'un tunnel percé à travers un rocher solide, ce qui permettrait d'éviter la construction souvent fatale d'un barrage et donnerait des gages d'une sûreté incontestable.

Ils ont reconnu l'impossibilité de chômage ou d'inondation (dont nous parlerons plus tard plus explicitement), et ont, enfin, reconnu que la concentration sur un seul point d'une force aussi considérable, suffisante et destinée à réunir autour d'elle un centre de fabrication, était un fait dont l'importance n'était qu'augmentée par la présence de vastes plateaux entourant la force et pouvant porter une grande cité industrielle.

C'est sur cette base heureuse, en vue de l'espoir de rendre quelques services à l'industrie de la France, en lui livrant cette force, que les fondateurs s'étaient mis résolûment à l'œuvre pour exécuter leur grand projet, lorsque la guerre éclata et leur fit interrompre momentanément leurs premières démarches à cet égard.

Mais, par suite des graves événements qui viennent de s'accomplir et voyant que la France serait peut-être privée d'une grande partie de son industrie la plus florissante, ils ont compris :

1° Que bientôt le désir se fera jour de reporter ou de remplacer en France, au moins en partie, ce qu'on vient de perdre en Alsace et Lorraine;

2° Que, d'un autre côté, ces provinces dont les produits trouvaient en grande partie leur débouché en France devront chercher le moyen d'obvier à ce que ne se ferment pas devant elles ces marchés qui étaient la première source de leur prospérité, et qui bientôt peut-être leur seront à peu près inaccessibles, à cause des droits d'entrée qui frapperont nécessairement leurs produits après le délai qui leur est réservé en franchise de droit ;

3° Que si l'Alsace ne répondait pas aux besoins qui se feront sentir en France, en y reportant une partie de sor industrie, ce sera en France même qu'on devra se mettre à l'œuvre pour remplir le grand vide qui a été créé à l'in dustrie et pour conjurer le danger de voir la Suisse et l'Angleterre prendre le monopole de fournir à la France, par des importations pouvant s'exécuter dans de meilleures conditions que celles de l'Alsace, les articles de grande consommation que jadis la France produisait sur son propre sol ;

4° Que donc, d'une manière ou de l'autre, on saluerait avec intérêt un moyen qui répondrait à ces besoins, en facilitant le rétablissement en France d'une partie de l'industrie exclue momentanément.

Or, le moyen le plus efficace était de lui offrir une puissante force motrice par l'eau, à bon marché, réunissant, par ses conditions, toutes les qualités pour satisfaire l'industrie sous tous les rapports.

Voyant ainsi s'accroître l'utilité, la nécessité même de leur œuvre et le désir d'y répondre par un grand effort, les fondateurs ont poursuivi, même pendant la guerre, leur grand projet qu'ils ont si heureusement conduit jusqu'ici.

DESCRIPTION

DE LA

FORCE MOTRICE DE L'EAU DU RHONE

ET DES TERRAINS.

Le Rhône, à l'endroit bien connu sous la désignation *la Perte du Rhône*, moyennant un canal de dérivation souterrain, percé à travers le calcaire compacte, créant une chute de 13 1/2 mètres, réalisera la force considérable de 10,000 chevaux environ.

Ce calcul se base sur les eaux les plus défavorables, n'usant qu'un tiers du débit de ce fleuve.

La force peut être portée facilement à un chiffre plus élevé.

Les fondateurs ont acquis la concession de se servir de cette force ainsi que de celle que leur donne la Valsérine, petite rivière affluant dans le Rhône, à Bellegarde.

Ils ont acquis de vastes terrains situés sur les plateaux de Bellegarde, du pays franc de Gex, d'Arlod et à la Garenne.

Ils ont acquis des moulins avec leurs droits et des maisons situées sur ces terrains.

Ils ont donc réuni un ensemble de moyens utiles pour mettre à la portée de l'industrie, dans les conditions les plus favorables, la force immense dont il s'agit.

Nous pouvons certifier et allons essayer de démontrer que des circonstances exceptionnellement favorables sous beaucoup de rapports, élèvent l'entreprise au niveau d'une utilité générale et incontestable.

Nous ferons également remarquer qu'elle a été profondément étudiée, et approuvée en tous ses détails par des hommes les plus compétents en cette matière, particulièrement par l'ingénieur M. D. Colladon, à Genève, ancien professeur à l'*Ecole Centrale*.

Une force motrice par l'eau de 10,000 chevaux et plus, réunie à un seul point, est un fait unique en France.

Elle est d'autant plus remarquable :

1° Que, la hauteur de la chute qui sera utilisée (13 1/2 m.) à Bellegarde est telle que la puissance motrice sera peu affectée par les grandes crues ;

2° Que, d'après de nombreuses mesures hydrographiques suivies pendant plusieurs années, le Rhône, à Bellegarde, fournit, dans les plus basses eaux, 180 mètres cubes par seconde ;

3° Que c'est un fait connu que son régime est moins variable que celui d'autres fleuves, parce que le lac de Genève fait l'office d'un immense réservoir régulateur, d'une superficie de six cents millions de mètres carrés ;

4° Que les plus grandes crues ne peuvent produire, en cette localité, aucun des accidents qui pourraient être à craindre ailleurs sous le point de vue des inondations, des remous, des routes interrompues par des débordements ; ce fait est si palpable qu'il est inutile d'y insister ;

5° Que le débouché du canal, se trouvant dans une position abritée des vents du Nord et exposé au Sud-Ouest, sera préservé dans les temps froids.

L'eau du Rhône, à la sortie du lac de Genève, est remarquablement pure ; le seul affluent notable jusqu'à Bellegarde est l'Arve, dont l'eau est très-pure, plus même que celle du lac ; l'eau du fleuve, à Bellegarde, sera en toute saison éminemment convenable pour la plupart des usages industriels ; c'est ce que prouvent d'ailleurs surabondamment les analyses et l'emploi qu'en font, à Lyon, les teinturiers et de nombreuses industries chimiques.

Voilà la situation quant au premier point, la force motrice hydraulique, la qualité de l'eau et les conditions climatériques ; nous pouvons les désigner comme étant très-exceptionnellement avantageuses.

Les terrains jouissent d'avantages non moins importants :

1° Ils forment, en leur plus grande partie, de vastes plateaux qui, entourant la force motrice, descendent vers le Sud en suivant le parcours du Rhône, comme l'indique le plan général du tableau II.

Par ces faits, ils sont éminemment convenables pour l'installation de fabriques et usines de tout genre ;

2° Ils sont situés entre les deux grandes villes, Lyon et Genève, la grande ligne Paris-Lyon-Méditerranée, et le Mont-Cenis les traverse, la gare les touche, toute partie du plateau peut être mise en communication directe avec le chemin de fer par des voies ferrées à placer ;

3° Le fond se compose de roches solides, un des plus propres pour la construction ; le matériel de construction se trouve en abondance sur les lieux mêmes ;

4° Une partie des propriétés acquises est située dans le pays de Gex qui, par un traité avec la Suisse, se trouve en dehors de la ligne douanière française ; cette circonstance offre donc de grands avantages aux imprimeurs d'étoffes étrangères, pour réexpédier ces étoffes dans d'autres pays. Le fait que le pays franc de Gex n'est séparé de la ligne douanière que par le lit de la Valsérine, permettrait l'installation de fabriques d'impression des deux côtés de cette petite rivière, pour faire fonctionner les rouleaux, avec l'assentiment du Gouvernement français, tantôt d'un côté, tantôt de l'autre. Le même fait offrira des facilités analogues en des cas où des fabricants désireraient concentrer à Bellegarde la fabrication de produits, tant pour la France que pour l'étranger ; ces derniers pourront nécessairement être fabriqués à meilleur marché dans le pays de Gex, où il n'existe pas de droits d'entrée.

Conditions des bases industrielles générales.

PRIX DE LA HOUILLE. — Nous ferons remarquer que les bassins de Saint-Etienne et ceux de Rive-de-Gier, Blanzy (Saône-et-Loire), sont en grande proximité de Bellegarde ; comme aucuns faux frais n'iront augmenter le prix, la houille pouvant être déchargée directement des wagons dans les usines, elle reviendra, avec application des tarifs actuels, à 21 francs la tonne, sauf d'obtenir une réduction par convention spéciale.

FONTES ET FERS, CHAUX, CIMENTS, BRIQUES RÉFRACTAIRES. — Les nombreuses fonderies, forges et lamineries des départements de la Loire, du Rhône, du Jura, de Saône-et-Loire, de l'Ardèche, sont peu éloignées et fourniront des fers et des fontes à des prix bas.

La chaux grasse et la chaux hydraulique du département de l'Ain sont très-réputées et les prix en sont modérés, la pierre à bâtir en roche du Jura, d'excellente qualité, abonde sur place.

Les départements de Saône-et-Loire et du Rhône fourniront des briques réfractaires, qui s'expédient dans toute la France, en Italie, en Espagne et même en Allemagne ; les briques communes s'y fabriquent à des prix plus bas que dans tous les autres départements de France, sauf le département du Nord. Nous ferons remarquer qu'à Bellegarde même, il se trouve une tuilerie qui a fourni une grande partie des briques pour le tunnel du Credo.

Elle est acquise aux fondateurs ; on pourrait continuer à y fabriquer des briques réfractaires et autres.

Les ciments de Grenoble et de l'Ardèche ont aussi une réputation européenne et s'exportent pour les villes de la Méditerranée.

Les acides sulfurique et hydrochlorique, qui sont la base de plusieurs industries chimiques, des blanchîments et teintureries, sont à bas prix à Bellegarde, puisqu'ils se fabriquent à Lyon et dans les environs de l'embouchure du Rhône, ainsi que les soudes et les savons.

TRANSPORTS. — La position de Bellegarde est généralement bonne pour les transports ; comme voisine de la Suisse et de Culoz, elle rayonne sur l'Italie, Lyon, Marseille, le midi de la France, la Loire, Paris, etc.

La carte des chemins de fer en communication avec Bellegarde (voir tableau I) l'indique clairement ; on s'apercevra que la ligne de Bourg à Bellegarde est en voie de se faire, la partie entre Bourg et Nantua est déjà assez avancée, celle de Nantua à Bellegarde sera poussée très-activement ; ainsi, d'ici peu de temps, nous verrons cette ligne établie, qui nous rapprochera très-considérablement de Paris.

Les chemins de fer de Bellegarde aboutissent aussi à la Saône et au Rhône, et, par leur intermédiaire, à plusieurs canaux navigables.

Le Rhône même est flottable jusqu'à Seyssel et navigable là jusqu'à la mer.

Le station de Bellegarde étant située près de la frontière suisse, il y a lieu d'espérer que l'Administration du chemin de fer Paris-Lyon-Méditerranée consentira à la demande faite de faire profiter Bellegarde des tarifs internationaux existants avec la Suisse. Cette concession donnerait les transports des premières matières et d'une partie des produits à un bon marché pouvant lutter avec les contrées les plus favorisées.

QUESTION OUVRIÈRE.

Cette question importante a eu toute l'attention des fondateurs; ils l'ont soumise à une sérieuse étude pour savoir et pouvoir constater sur quelle classe ouvrière les industries qui désireraient s'installer à Bellegarde pourront compter, et dans quelles conditions les ouvriers pourront être adaptés aux diverses industries.

Bellegarde est dans d'excellentes conditions à cet égard; nous jugeons nécessaire de donner un tableau exact de la situation.

Pour le faire, il faut diviser en deux parties la population dont nous allons nous occuper.

1° Celle qui occupe les alentours de Bellegarde, à une distance d'une lieue à peu près;

2° Celle qui occupe les environs, dans un périmètre plus étendu.

C'est donc de la première partie que nous parlerons en premier lieu.

Les alentours de Bellegarde, ainsi fixés, nous offrent le panorama d'une plaine se prolongeant vers le Sud, montant très-doucement vers l'Ouest, ayant à l'Est les collines de la Savoie, et au Nord le Credo. De grandes routes s'étendent dans toutes les directions; elles ne sont nullement accidentées.

C'est sur le parcours de ces grandes routes que nous rencontrons, disséminés autour de Bellegarde, 15 villages et de nombreuses paroisses.

En ne dépassant pas la distance de 5 kilomètres, en prenant pour point de départ la gare de Bellegarde, ils se résument comme suit :

Bellegarde / Coupy....	Distance		1050	habitants.
Mussel	»	900m	300 (Mussel et Arlod)	»
Arlod.............	»	1600		
Lancrans........	»	1700	550	»
Vanchy	»	2300	610	»
Vouvray.	»	3300	480	»
Léaz.............	»	3400	910	»
Ochiaz...........	»	3500	450	»
Villes	»	3700	350	»
Eloise............	»	4100	650	»
Confort	»	4200	500	»
Châtillon	»	4300	1,275	»
Billiat	»	4500	660	»
St-Germain	»	5000	400	»
			8,185	habitants.
Paroisses non comprises à évaluer à			815	»
		Total...	9,000	habitants.

En prenant la moyenne de ces chiffres, nous nous trouvons, à une distance de 2,800^{m}, en partant de la gare, en présence d'une population de 9,000 âmes, distance facile à franchir pour tous, hommes, femmes ou enfants. Cette population est douce, patiente et laborieuse. Il n'y a nullement à douter qu'une grande partie des habitants répondra avec empressement à l'appel au travail, lorsque le moment sera venu de le faire.

Comme preuve de ce que nous avançons, nous citerons qu'un entrepreneur de grands travaux, tout près de Bellegarde, offre d'y conduire 1,500 ouvriers en quinze jours; il s'engage de plus d'en loger 3,000 dans moins de trois mois et dans de bonnes conditions.

Mais ce qui nous occupe principalement, c'est la question d'avoir à Bellegarde de bons ouvriers et ouvrières de fabrique. En rappelant que la première partie que nous avons traitée se borne exclusivement aux étroits alentours de Bellegarde, nous entrons à présent dans les environs d'un périmètre plus étendu *et y rencontrons une population absolument industrielle.*

Le département de l'Ain se compose de cinq arrondissements; nous ne nous occuperons que de celui de Nantua, dont la commune de Bellegarde fait partie, et de celui de Belley, qui la touche au Sud, nous réservant de parler plus tard de la Savoie et de la Suisse.

Les principales industries de ces deux arrondissements sont :

La filature de la soie et bourre de soie ;

Le cardage de la laine et bourre de soie ;

Le tissage mécanique de soie, bourre de soie et de draps ;

La fabrication de peignes ;

La tablettèrie ;

La Tournerie ;

L'exploitation des mines d'asphalte à Pyrimont-Seyssel ;

Id. Id. de phosphate à Bellegarde.

En nous dirigeant, en premier lieu, sur Nantua et Lacluse (4,000 hab., à une vingtaine de kilomètres de Bellegarde), nous y trouvons l'établissement d'une importante maison de Lyon, dévidage et ourdissage à la vapeur, tissage mécanique dans la manufacture de Lacluse, et nombreux métiers à la campagne.

A Nantua même il y avait, à peine une année, deux fabriques très-importantes ; l'une de filature de bourre de soie et de tissage, l'autre une importante manufacture de draps, occupant à elle seule environ 600 ouvriers.

La guerre ayant fait cesser ces fabriques de travailler, les ouvriers se trouvent en partie à Nantua ou répartis dans les environs, où dans chaque village, dans chaque paroisse, une grande partie de la population est occupée sur des métiers pour compte de maisons de Lyon qui, reconnaissant et appréciant à sa juste valeur la faculté industrielle de cette population, et profitant de la main-d'œuvre à bas prix, à cause du manque d'ouvrage et du manque presque absolu d'agriculture, ont dû trouver grand avantage à transporter une partie de leur fabrication en ces contrées, assez éloignées même de leur marché.

On évalue à 2,700 le nombre des métiers dans le seul arrondissement de Nantua, occupant nécessairement un nombre proportionnel d'ouvriers.

Voici les prix de la main-d'œuvre qui se sont payés à Nantua : le bon ouvrier à la pièce ou au poids de la matière.

Les manœuvres de 2 fr. à 2 fr. 50, selon leurs facultés.

Les femmes 1 fr. 50, en moyenne ; les enfants de 75 c. à 1 fr. 10 c.

D'après les avis d'hommes compétents de Nantua, les manœuvres au prix de 2 fr. ne manqueraient pas ; la ville de Nantua pourrait fournir, à des industries s'établissant à Bellegarde, un millier de bons ouvriers des deux sexes, les demandes de secours adressées à la municipalité étant des plus suivies, dont l'insuffisance de l'ouvrage serait la principale cause.

Continuant nos informations un peu au Nord de Nantua, nous rencontrons la petite ville d'Oyonnax (3,700 habitants), centre d'une fabrication de peignes et de tabletterie, et montant dans la direction de Dortan, nous trouvons sur notre passage, ainsi qu'à Dortan même, de nombreux métiers d'ouvriers travaillant pour compte de Lyon, une grande filature, et des tourneries importantes qui s'étendent jusqu'à Saint-Claude, dont l'industrie et les produits, sous la désignation « articles de Saint-Claude », sont trop connus pour nécessiter d'autres explications.

En citant ces derniers, nous n'avons voulu que démontrer que Bellegarde est enfermé dans un étroit cercle de population absolument ouvrière, dont les supports et les renforts ne manquent pas au delà des limites que nous nous sommes tracées.

Poursuivant ce cercle vers le Sud de Nantua, nous rencontrons Jujurieux (3,000 habitants), endroit qu'une des premières maisons de Lyon a choisi pour établir une grande usine modèle, occupant grand nombre d'ouvriers et ouvrières.

Nous trouvons Saint-Rambert (station de chemin de fer entre Bellegarde et Lyon), renfermant deux importantes filatures, dont l'une occupe 400 ouvriers environ.

Voici les prix de la main-d'œuvre :

L'ouvrier est payé à la tâche.

Les manœuvres de 2 fr. à 2 fr. 50.

Les femmes d'un prix revenant de 30 à 45 fr. au mois.

Les enfants en proportion.

Les heures de travail sont de 5 heures du matin à 7 heures du soir.

Près de Saint-Rambert nous nommerons Vaux, ayant une fabrique de soies à coudre.

Tenay, autre station de chemin de fer encore plus rapprochée de Bellegarde, renferme cinq grandes fabriques de filature et de cardage de laine et bourre de soie, occupant un très-grand nombre d'ouvriers.

Les conditions de main-d'œuvre et d'heures de travail sont plus ou moins identiques à celles de Saint-Rambert.

Un certain nombre de familles ouvrières de la Savoie sont venues se fixer à Tenay.

Suivant le chemin de fer dans la direction de Bellegarde et traversant le Rhône à Culoz, nous nous trouvons en Savoie, pays connu comme étant une pépinière d'excellents ouvriers des deux sexes.

Voici Annecy (chef-lieu de département, 10,000 habitants), ville importante par ses nombreuses fabriques : manufacture d'indiennes, forges, fonderies, papeteries, chapelleries, coutelleries.

C'est à Annecy que se trouve l'importante fabrique de M. Lœuffer : filature, tissage et impression de coton ; on nous dit qu'on y emploie 300 forces de chevaux et un très-grand nombre d'ouvriers. A Thones, autre filature et tissage de coton.

A Alby-sur-Chéran, filature de laine.

A Rumilly-Albanais, fabrique de draps, filature de laine et tissage.

On voit que l'industrie en Savoie ne manque pas, et ce n'est que le Rhône qui nous en sépare.

Il est un fait connu que la population de la Savoie est très-pauvre, mais aussi très-laborieuse ; elle a le désir de s'expatrier pour améliorer sa situation. Un appel lancé de Bellegarde, offrant de l'ouvrage, serait suivi d'un succès au delà des espérances ; on aura des ouvriers formés, très-dociles au commandement et surtout très-robustes à n'importe quel travail.

Lyon doit une grande partie de ses meilleurs ouvriers à la Savoie.

En jetant un regard sur la carte (Tableau 1), on verra que le cercle que nous avons tracé autour de Bellegarde est à peu près fermé, c'est la Suisse qui, au Nord, forme la dernière partie.

Nous ne croyons pas avoir besoin de parler de son industrie, elle est assez connue.

Nos investigations ne se sont pas bornées à constater qu'il existe une population ouvrière autour de Bellegarde, nous avons voulu savoir si nous pourrions compter d'y amener celle dont nous aurons besoin. Partout nos demandes à cet égard ont provoqué la même réponse, celle que nous aurions plus d'ouvriers que nous n'en voudrions.

Ce fait constaté, nous pouvons dire hardiment aux industriels qu'ils se trouveront à Bellegarde dans d'excellentes conditions.

Mais les fondateurs ont compris qu'il ne suffisait pas d'y appeler une population ouvrière, qu'il était de leur devoir de faire de sérieux préparatifs pour la loger convenablement, de contribuer par leur initiative à son bien-être, en posant la pierre de fondement d'habitations saines et agréables.

A ce but, ils font construire à quelques centaines de mètres de Bellegarde, sur le modèle des cités ouvrières de Mulhouse, des groupes de maisons par quatre, à étage, avec jardin; les terrains réservés à ces constructions sont assez grands pour étendre considérablement ce commencement de cités ouvrières. On a pu juger de leur influence sur la classe ouvrière à Mulhouse et ailleurs. Cette influence sera des plus heureuses en cette contrée et aidera puissamment à fixer à Bellegarde une population honnête et laborieuse.

Une partie des terrains choisis se trouve dans le pays franc de Gex, car il est constaté que l'ouvrier peut y faire une économie d'au moins 30 francs par tête et par an sur les vivres. On jugera de l'importance de ce fait pour l'ouvrier qui a une famille nombreuse à entretenir.

TRAVAUX D'INSTALLATION.

Le canal de dérivation dans le Rhône prend son origine dans le lit de ce fleuve, en amont de la « perte du Rhône » ; il sera creusé quelques mètres au-dessous du niveau des plus basses eaux et aura une largeur de base proportionnelle; il se prolongera par un tunnel qui sera creusé dans les mêmes dimensions et qui passera au-dessous du plateau du pays franc de Gex, sur une longueur de 520 mètres environ.

Le tunnel aboutira ainsi dans le lit de la Valsérine, dans lequel il sera créé un second canal affluant dans le Rhône.

L'eau de la Valsérine sera provisoirement éconduite par un canal longeant les bords du Rhône.

Il sera placé dans le canal de la Valsérine la maison de turbines contenant le nombre de moteurs suffisant à la force qu'il sera désirable de concentrer sur ce point.

Toutes les mesures seront prises pour pouvoir répartir, sans aucun encombrement, la force disponible ; on se conformera pour le mieux à tous désirs qu'exprimeraient les industriels sur la manière dont ils voudraient en user.

Les travaux dont l'inauguration a eu lieu le lundi 24 juillet 1871 seront poussés avec grande activité ; c'est le creusement du canal souterrain et la construction de maisons ouvrières qui se font en premier lieu ; d'après toutes les prévisions, ces travaux, qui sont les plus indispensables, pourront être terminés dans un délai relativement très-bref.

Les terrains qui, comme les plans (Tableau II) le montrent, jouissent d'une situation très-favorable entre le Rhône et le chemin de fer, seront divisés en rues et avenues, pour la formation desquelles tous les désirs des industriels qui voudraient s'y installer seront pris en considération autant que cela pourra se faire.

Des voies ferrées passeront devant toutes les usines, pour les mettre en communication directe avec la grande ligne Paris-Lyon-Genève et le Mont-Cenis, dont Bellegarde est le point central.

---

prévisions, ces travaux, qui sont les plus indispensables, pourront être terminés dans un délai relativement très-bref.

Les terrains qui, comme les plans (Tableau II) le montrent, jouissent d'une situation très-favorable entre le Rhône et le chemin de fer, seront divisés en rues et avenues, pour la formation desquelles tous les désirs des industriels qui voudraient s'y installer seront pris en considération autant que cela pourra se faire.

Des voies ferrées passeront devant toutes les usines, pour les mettre en communication directe avec la grande ligne Paris-Lyon-Genève et le Mont-Cenis, dont Bellegarde est le point central.

CONCLUSIONS.

Après lecture attentive de l'exposé que nous mettons sous les yeux du public, on doit convenir que des circonstances, rares par leur influente valeur, viennent s'attacher à notre œuvre.

Il semble que la nature ait voulu contribuer, en concentrant en ces lieux toutes les facultés qui pourront lui être utiles, à désigner ce point pour la destination que nous lui attribuons.

Cette destination, *c'est la formation d'un foyer industriel, ayant les aspirations et les capacités pour devenir un centre de fabrication.*

Les aspirations, nous en avons la garantie dans l'esprit de la nation française, toujours prête à concourir à ce qui est grand, à ce qui peut contribuer à devancer les peuples dans l'accomplissement des œuvres qui tendent à élever l'industrie au niveau de sa tâche; elle sera d'autant plus prête qu'il s'agit de conserver sur son sol des branches industrielles, dont le monopole risque de retomber dans les mains de la Suisse et de l'Angleterre.

Les capacités; mais nous avons à Bellegarde toutes les ressources utiles. L'exposé que nous avons fait des bases industrielles le prouve suffisamment.

Quelle est la raison que les filatures et les tissages de la Suisse peuvent produire à meilleur marché que la France, malgré que les cotons aient une plus grande distance à franchir que ceux restant en France? — C'est qu'elle dispose de nombreuses chutes d'eau, lui fournissant la force à bon marché, qu'elle jouit de tarifs internationaux lui assurant les transports à bas prix.

Mais l'importance de la force à Bellegarde n'a pas de pareille en Suisse, le bon marché en est assuré par la facilité des travaux d'installation; les tarifs internationaux, il n'y a pas de doute que nous en jouirons, étant sur la frontière suisse, et encore nous sommes à un point central de chemin de fer et avons le Rhône, qui est navigable de Seyssel jusqu'à la mer. La main-d'œuvre à bon marché, nous avons prouvé que nous nous trouvons dans des conditions très-favorables, étant entourés d'une population ouvrière formée, prête à se transporter à Bellegarde. Le charbon, il ne revient qu'à 21 francs environ, sauf à en réduire le prix par des conventions spéciales. Les matériaux de construction, nous les avons sur place ou à grande proximité; il y a peu d'endroits où l'on pourra construire plus économiquement et plus solidement qu'à Bellegarde, étant secondé par la composition du sol, qui forme un rocher compacte.

Que faut-il de plus?

Les industries les plus diverses trouveront à Bellegarde de quoi suffire à leurs besoins en jouissant d'avantages remarquables.

La papeterie aura à sa disposition la grande force qu'il lui faut; elle aura les bois de la Suisse et de la Savoie pour la pâte de bois, qui joue un si grand rôle dans cette industrie; les chiffons lui viendront de l'Italie, passant par le tunnel du Mont-Cenis. Le Rhône lui fournira une quantité illimitée d'une eau des plus pures.

Les tourneries et scieries ont également à leur portée les bois dont elles se servent; les arrondissements voisins, Gex, Nantua, Belley, étant couverts de forêts immenses, essence sapin, hêtre et autres bois de service, elles auront, vu la facilité des transports, un double intérêt à se fixer à Bellegarde.

Et où trouvera-t-on un endroit plus convenable pour l'établissement de grands moulins à farine, que Bellegarde qui, pour la France, pourra remplacer les moulins de la Suisse qui, jusqu'ici, font l'office pour une grande partie de la consommation française.

Les fabricants de Lyon n'auront-ils pas plus d'avantage de fonder des établissements à Bellegarde même, que dans ses environs? A Bellegarde, ils trouveront la force à bon marché; les ouvriers formés, la main-d'œuvre à bas prix seront à leur portée; l'eau du Rhône, dont ils ont si grandement besoin, coule au pied des usines; ils auront la facilité du transport dans toutes les directions; ils auront le pays de Gex pour fabriquer les articles pour l'exportation, évitant les droits d'entrée dont sont frappées les soies écrues.

La fabrication des belles indiennes, dont Mulhouse avait le monopole pour la France, et pour lesquelles le Midi offre un débouché si considérable, fait pour le moment presque complétement défaut en France. Cette industrie ne devra-t-elle pas être remplacée en France, aussi bien que doivent l'être une partie des filatures, tissages, blanchisseries et teintureries; et où trouvera-t-on des lieux plus propres à cette fabrication que Bellegarde?

Nous ne doutons pas que la grande industrie de l'Alsace prendra ce fait en sérieuse considération.

On objectera qu'il faudra du temps pour attirer toutes ces industries, qu'on ne forme pas facilement un centre industriel. Nous n'ignorons pas que l'industrie ne s'établit pas là où l'on voudrait bien l'avoir, mais bien là où son intérêt et les circonstances lui commandent de se porter. Mais nous n'ignorons également pas que Bellegarde répond, par les qualités dont cette place est dotée, à toutes les prétentions, et que les circonstances exceptionnelles démontrent que l'intérêt des industries sera d'en profiter.

Car il ne faut pas oublier que le prix de la houille a une tendance toujours croissante à la hausse, que le prix de revient, déjà fort élevé, de la force à la vapeur, devra suivre cette tendance, tandis que la force par l'eau à Bellegarde restera, une fois le marché conclu, invariable, et elle sera d'un prix qu'on ne saurait mettre en comparaison avec celui de la vapeur.

Comme exemple de quelle utilité peut être une force motrice considérable concentrée sur un point, nous citerons un cas plus ou moins analogue qui se présente à Lowell (Massachusets), à présent grande ville manufacturière, qui s'est groupée autour d'une force motrice, également de 10,000 chevaux. Lowell est devenu le Manchester de l'Amérique en peu de temps, comparativement.

Selon la statistique de M. Francis, directeur de la Compagnie Hydraulique de Lowell, on y fabrique entre autre annuellement 121,316,000 yards de Cotonnades, 1,127,000 yards de lainages et 1,820,000 yards de tapis; on y consomme 16 millions de kilog. de coton, 3 millions et demi de kilog. de laine paran.

Un fait important que nous avons à faire connaître, c'est que Bellegarde renferme dans ses alentours de riches couches de Phosphates fossiles, dont l'exploitation forme la base d'une grande industrie. Cette exploitation sera poussée sur une échelle considérable; à elle seule, elle attirera de nombreux ouvriers, dont les femmes et les enfants trouveront à travailler dans les fabriques qui s'installeront. Elle sera une pierre de fondement pour les grandes industries de différentes branches qui se transporteront à Bellegarde.

Les fondateurs, désireux de contribuer, par tous les moyens, à attirer des industries dans un bref délai, ont résolu d'offrir des avantages tout à fait exceptionnels aux premiers contractants, jusqu'à concurrence d'un certain nombre de chevaux à placer. Il sera donc de l'intérêt des fabricants qui voudraient en profiter de prendre ces offres en prompte et sérieuse considération. Les fondateurse proposent également de faire des arrangements financiers ayant pour but de faciliter aux fabricants, dans les cas où il serait désirable, l'installation de fabriques par des avancements de capitaux.

Nous sommes heureux de pouvoir constater que déjà des demandes d'emploi de force motrice ont été faites ; les négociations entamées à ce sujet sont sur le point d'aboutir à une solution définitive. Ainsi sera posée la première pierre de la grande cité industrielle qui, nous en avons le ferme espoir, commencera bientôt à se grouper autour de notre force motrice et sur nos terrains de Bellegarde.

IMP. CENTRALE DES CHEMINS DE FER. — A. CHAIX ET Cie, RUE BERGÈRE, 20, A PARIS. — 5774-1.

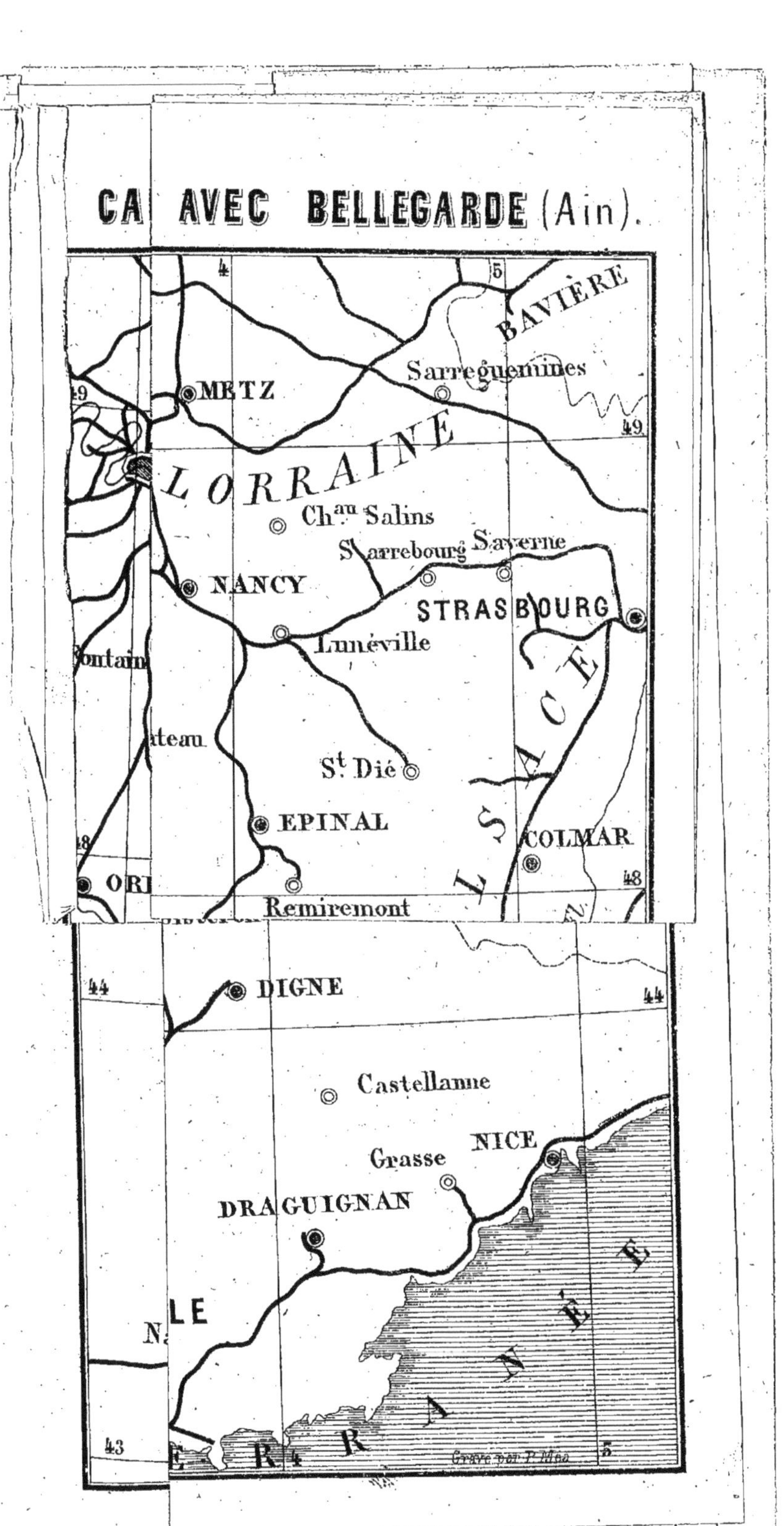
CA AVEC BELLEGARDE (Ain).
BAVIÈRE
Sarreguemines
METZ
LORRAINE
Chau Salins
St Sarrebourg
Saverne
NANCY
STRASBOURG
Lunéville
ALSACE
St Dié
EPINAL
COLMAR
Remiremont
DIGNE
Castellanne
NICE
Grasse
DRAGUIGNAN
Gravé par P. Méa

TABLEAU I.

CARTE DES CHEMINS DE FER EN COMMUNICATION AVEC BELLEGARDE (Ain).

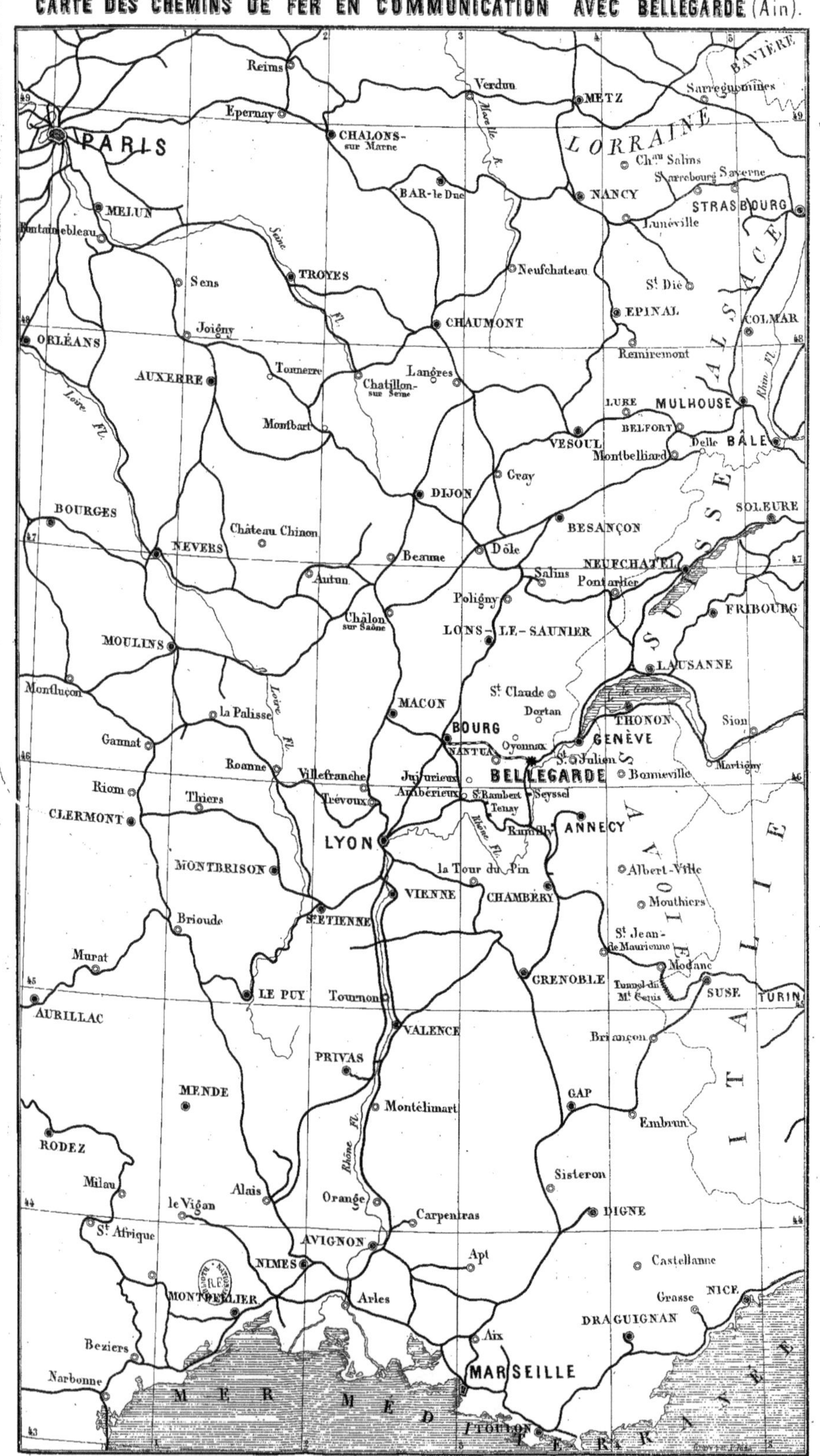

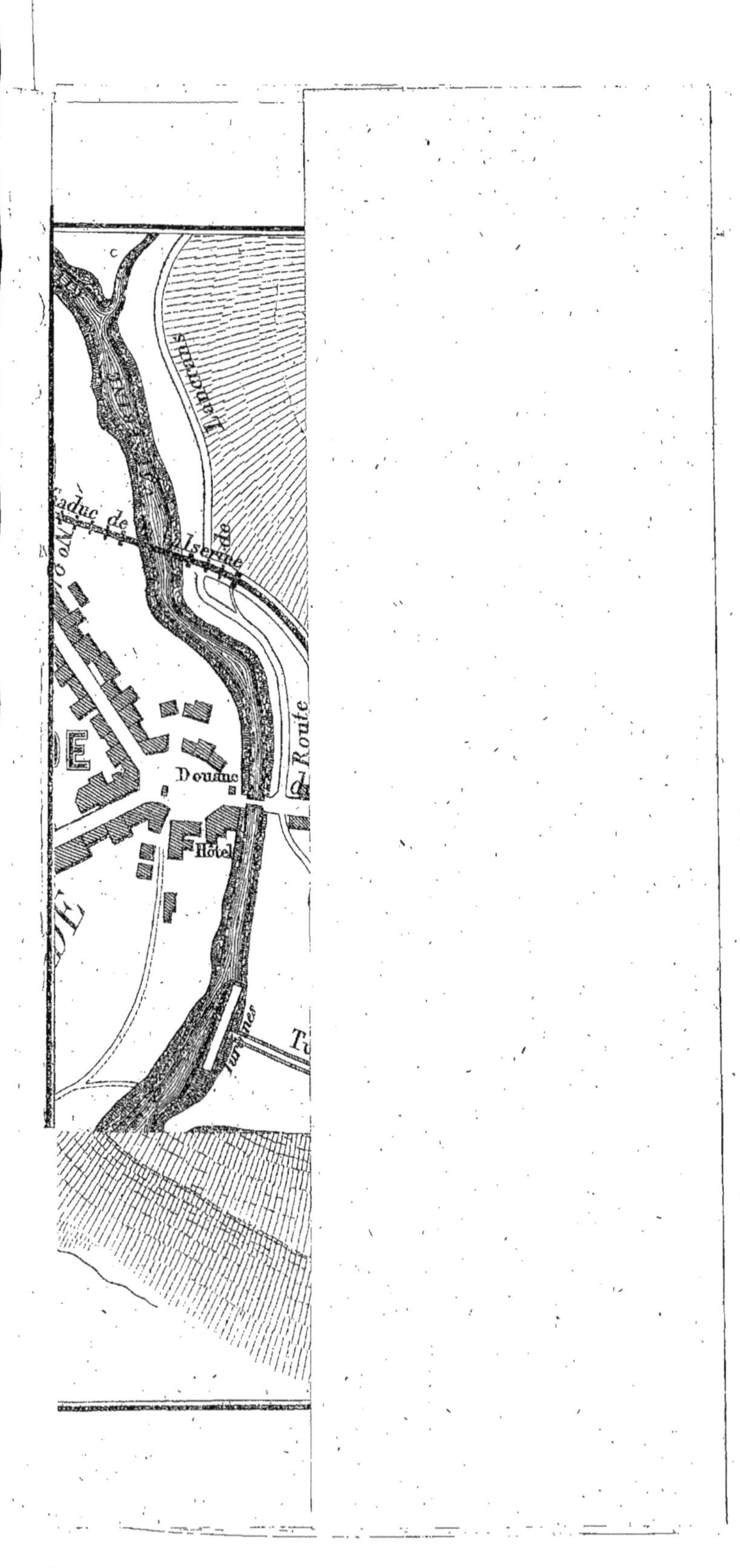
Douane
Hôtel

TABLEAU II.

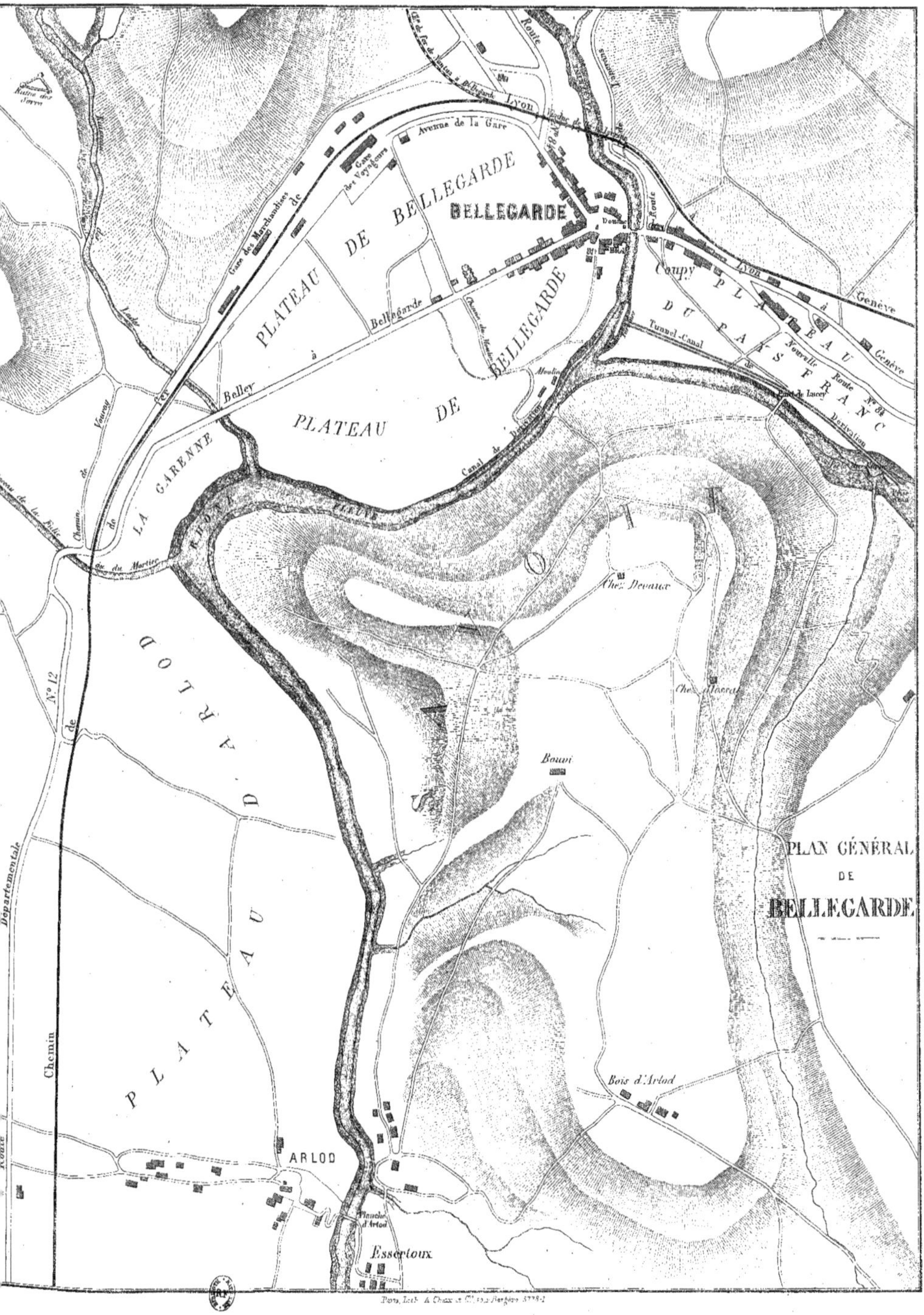

PLAN GÉNÉRAL
DE
BELLEGARDE

BELLEGARDE
PLATEAU DE BELLEGARDE
PLATEAU DE BELLEGARDE
PLATEAU DE LA GARENNE
PLATEAU D'ARLOD
PLATEAU DU PAYS FRANC
Gare des Marchandises
Gare des Voyageurs
Avenue de la Gare
Route de Lyon
Route de Lyon à Genève
Nouvelle Route N° 84
Tunnel-Canal
Canal de Dérivation
Dérivation
Pont de Lucey
Coupy
Douane
Moulin
Chemin de Vouvray
Chemin Départemental N° 12
Route de Bellegarde à Belley
FLEUVE RHÔNE
Chez Devaux
Chez Mossat
Bouvi
Bois d'Arlod
ARLOD
Planche d'Arlod
Essertoux

Paris, Lith. A. Chaix et Cie

www.ingramcontent.com/pod-product-compliance
Ingram Content Group UK Ltd.
Pitfield, Milton Keynes, MK11 3LW, UK
UKHW020950220726
13924UKWH00002B/603